诺贝尔奖获得者

李政道博士的求学格言：

求学问，需学问；
只学答，非学问。

姓　　名：李四光

生卒日期：1889.10.26～1971.04.29

身　　份：中国地质学家

成　　就：中国地质事业的奠基人之一

李四光问

大石头从哪里来的？

　　李四光小时候在和小伙伴玩耍时，发现草坪上有块突兀的巨石，孤零零地屹立在草坪上，与周围的环境很不相称。他就去问老师，草坪上的大石头是从哪里来的。老师说："人们都说是从天上掉下来的。"李四光又找爸爸印证老师的话，爸爸说："有这个可能，天上掉下来的石头叫陨石。"可是大石头从天上掉下来，应该把草地砸一个很深的大坑，为什么地上没有坑呢？

　　为了弄清巨石的奥秘，他不停地思索与读书，想从中发现点什么。长大之后，他到国外学习了地质学，才知道冰川可以带动巨石长途移动。回国以后，李四光对这块大石头进行了专门的考察，终于确定，这块大石头是被冰川带到这儿来的。

　　这一研究成果，震惊了全世界，他因此成为我国著名的地质学家。

将错就错

李四光原名叫李仲揆。14岁那年，他独自去报考武昌一所高等小学堂。在填写报名单时，他不小心把年龄"十四"错写在姓名栏下了。

这可怎么办呢？他抬起头来思索，无意间发现学堂大殿上挂着一块"光被四表"的横匾，心想这个寓意不错，于是，突然来了灵感，就将错就错，把"十"字改成"李"字，在四的后面添了个"光"字。他还自言自语："四光，四面光明，前途是有希望的。""仲揆"则变成了他的字。

之后，李四光顺利考上了这所高等小学堂，还被保送到英国官费留学。由于勤奋好学，他后来成了我国著名的地质学家。

乘坐电梯既省时又省力。我们在享受乘坐电梯的便利时，还要确保乘坐电梯的安全。

好奇指数 ★★★★☆

乘坐电梯有什么不安全的呢？出事了又该怎么办呢

乘电梯时，要先下后上，不能抢上抢下，发现超载不能坐，也不能用身体去阻止电梯关门。在电梯里，不能跑跳打闹，不能乱按按钮，尤其不能随便按应急按钮。

电梯出现故障时，如果被困在电梯里出不来，要保持镇定，可以按紧急求救键、使用对讲机或拨打手机求救，也可拍门呼救或用物品敲打电梯门，以引起电梯外面人员的注意。如果无人回应，要尽量保持体力，耐心等待，千万不能强行扒门。当电梯突然加速上升或下降时，应迅速按下所有楼层的按钮，并尽量稳住身体重心，将整个背部和头部紧贴电梯墙壁，同时保持膝盖弯曲。发生火灾或地震时，切勿乘坐电梯，因为这时电梯是最危险的地方。

好奇指数 ★★★★★

有陌生人敲门时怎么办

门是守护家园的第一道安全防线，但真正能把危险挡在门外的，是你心中强烈的安全意识。当你独自在家时，听到有人敲门，要先通过门镜辨认来人，问清来者的身份、目的，并马上给父母打电话，问父母是否可以请他们进来。

如果是陌生人，尤其是以推销员、修理工等名义敲门的陌生人，即便来人能说出你父母或家人的姓名、工作单位等，也不要轻易相信，更不要给来人开门。如果来人纠缠不休，可以打电话给父母，或到窗口高喊，向邻居、行人求助，也可以给小区保安打电话求助。若不小心让坏人进了门，不要和坏人正面冲突，要找机会逃脱。逃脱后，再打电话给父母或向警察求助、报警。

好奇指数 ★★★★★

接到陌生人的 电话时怎么办

家里的电话是我们和外界沟通的通信工具，但也容易被坏人利用，进行恐吓、欺诈等不法活动。所以，当你独自在家时，接到陌生人的电话，要提高警惕，先问清来电人的姓名、电话号码及来电目的，再及时打电话告知父母。如果来电人询问你的情况，最好不要让对方知道你一人在家，也不要说出自己的家庭住址、家人情况等重要信息；如果对方索要爸爸、妈妈的电话，更不要告诉他们。如果是推销产品或市场调查之类的电话，就请对方改时间再打，然后礼貌地挂掉。如果打电话的人告诉你说爸爸或妈妈发生了意外，需要你去某医院送钱或物品，要先打电话给爸爸、妈妈核实情况，不能轻易听信对方的话，也不要盲目地按对方的话去办事。

好奇指数 ★★★★★

我想帮妈妈做早点，可她为什么不让我用燃气啊

帮妈妈做早点是要尽孝心，值得鼓励。但燃气泄漏能导致人头晕恶心、四肢无力、昏迷等不良身体反应，尤其在燃气达到一定浓度时，还会发生爆炸，造成严重的人员伤亡和重大的财产损失。妈妈担心你的安全，希望你远离危险。安全使用燃气的做法是：用气前，先检查燃灶具是否漏气；连续三次打不着火时，应确定燃气散尽后再重新打火；使用燃气时，人不能离开，以防出现熄火漏气现象；用完后，要关好灶具阀门，以防燃气泄漏中毒。

一旦有熄火漏气情况，要用湿毛巾包住手，关闭燃气总阀门，然后迅速开窗通风，并尽快离开现场。如果全身无力，应赶快趴倒在地，爬至门边或窗前，打开门窗呼救。注意！煤气异味散去前，切勿使用手机和电器，以免引起爆炸。如需打电话求救，要到室外开阔地带去打。

好奇指数 ★★★★☆

 怎样使用微波炉
才安全呢

 微波炉给我们的生活带来了很大便利，但使用不当，也会成为健康杀手。正确的使用方法是：要选择专门的微波炉器皿盛装食物，不能使用金属容器或普通塑料容器加热食物。因为金属会反射微波而产生火花，既损伤炉体，又妨碍加热食物；而塑料容器容易变形，还会释放出有毒物质，污染食物，危害身体健康。加热食物时，要关好微波炉的门，以防微波泄漏，对身体造成辐射伤害。开启微波炉后，人要远离它至少1米以上。加热食物的时间不能过长，以免食物烧焦，并引发火灾。不要将封闭容器盛装的食物和密封包装的食物直接放进微波炉内，应该开启后再加热，以防密闭容器内的热量过高、压力过大而引起爆炸。

好奇指数 ★ ★ ★ ★ ★

火很危险，怎么预防？
碰到火灾怎么办

玩 火是件很危险的事，因为火灾很可怕，轻的损毁财产物品，重的伤人或致人死亡，给家庭带来不幸，给国家、企业造成重大损失。

生活中用火的地方很多，凡是容易引起火灾的事，都要格外当心，如使用天然气后，要及时关闭阀门；燃放烟花爆竹时，要远离易燃易爆物品及火源；不要玩打火机，不要在易燃易爆物品处玩火等。一旦发生火灾，不要惊慌，要牢记火灾逃生歌：

火场逃生要镇定，找对出口保性命；

浸湿毛巾捂口鼻，弯腰靠近墙边行；

困在屋内求救援，临窗挥物大声喊；

床单结绳拴得牢，顺绳垂下亦能逃；

遇火电梯难运转，高层跳楼更危险；

生命第一记心间，已离火场勿再返。

电 给人们的生活带来了巨大便利，但如果使用不当，也能酿成大祸。所以要掌握安全用电常识。

好奇指数 ★ ★ ★ ★ ★

电有危险，该怎么预防呢

　　在家中，要知道电源开关及所有电器开关的位置，以便发生意外时能迅速准确地切断电源。平时使用各种电器时，不要用湿手去摸，也不要用湿布去擦。用完电器，要及时关掉电源、拔掉电源插头。插拔电源插头时不要用力拉拽电线，以防碰到漏电的电线而触电。遇到雷雨天气时，最好不要开空调、电视等电器；如果在室外，千万不要在树下躲雨，以防被雷电击中。电线落在地上，不要用手捡，以防触电。

　　一旦触电，应大声呼救。如果事故现场没有别人，要设法切断电源或用干木棍将导电物分开，再想办法请人帮忙或拨打急救电话求救。

好奇指数 ★★★★★

 在浴室洗澡也会有危险吗

洗澡是件很惬意的事，可以清洁肌肤，防止细菌传播，还能缓解身体疲劳。但若不小心，洗澡也会发生意外。

所以洗澡时，最好有大人陪伴。一个人在浴室时，最好不要把浴室门反锁，以免发生意外时，在外面的人难以进入施救。使用电热水器时，要注意不要漏电；使用煤气热水器时，要注意通风，谨防煤气泄漏。

浴室地面湿滑，最好穿防滑拖鞋，以免摔伤。如果在浴缸泡澡，要先调好水温，不要过热或过冷，以免烫伤皮肤或引发感冒。在浴缸内，不要动作过大或过猛，以防滑入水中，被水淹到或呛到，也不要在浴缸中玩潜水闭气的游戏。洗澡时间不宜过长，以防头晕、体力不支，晕倒在浴缸内，发生危险。一旦出现头晕等不适症状，要尽快离开浴室，及时喝水休息。

猫和狗等动物是人类的朋友，但它们身上的毛发、皮屑、睡液、粪便常带有病菌，能

 猫、狗很可爱，为什么妈妈不让我跟它们亲密接触

让亲密接触的人染上皮肤病、过敏性疾病及各种寄生虫病。所以，与猫、狗接触时，不要与它们同吃同睡，要保持安全距离。

如果被猫、狗咬伤、抓伤，轻的要打针吃药；重的会造成残疾，甚至死亡。所以，对猫、狗要友善，尤其在其睡觉、吃东西或哺乳时，不要招惹、挑逗它们，不要有肢体接触；在猫、狗情绪不好时，不要对着它们大吼大叫，以免激怒它们而被攻击。

一旦被猫、狗咬伤、抓伤，要迅速清洗伤口，再把脏血挤出来，用酒精或碘酒消毒，包好伤口后，要去医院做进一步处理。

还要记住，一定要在24小时内注射狂犬疫苗！

好奇指数 ★★★★★

观赏动物
也有危险吗

逛动物园可以观赏到各种各样的动物，非常有趣。但有些动物具有很强的攻击性，即使是温柔的小动物，如果你惹怒了它，它也会攻击你的。俗话说，兔子急了也咬人呢！

观赏动物时，要和动物保持安全距离，站在安全设施外，不要随便跨越护栏，与动物亲密接触，以防掉到危险的动物圈里，被动物攻击或吃掉。不要往动物身上丢东西，以防激怒动物而被攻击。不要随便投喂动物，特别不要近距离喂食。一旦被动物咬伤，应及时就医，并注射狂犬疫苗。

节日里燃放烟花爆竹会增添许多喜庆的气氛和乐趣，但方法不当，就会有危险。

好奇指数 ★★★★☆

怎么放烟花爆竹才安全

燃放烟花时，要有大人的指导和陪伴，不能独自燃放，不能在室内燃放，不能在明令禁止的区域燃放，要在室外空旷的安全地带燃放。燃放前，要了解使用说明；燃放时，要将烟花爆竹摆平放稳，筒口朝上，没有注明的不能手持燃放；点引线时身体要侧向一边，并躲开筒口。点燃后，迅速跑到安全地带。一旦有熄火或没燃响的烟花爆竹，不要马上靠近查看或重新点燃。

有以下情况或在特定地点，不要燃放烟花爆竹：

有行人、车辆路过时；在建筑物集中的地方；在室内或楼房的阳台；在高压线附近；在农村的粮仓、柴草垛旁。另外，不合格的烟花爆竹不要放。万一不幸被烟花爆竹伤到，要及时妥当处理并到医院就诊。

好奇指数 ★★★★☆

 用热水灭火
为什么效果更好

用水灭火，不仅是让水吸收热量，降低燃烧物体的温度，最主要的作用是当水遇到火焰时，能很快汽化，变成水蒸气将火焰和燃烧物包围，使火与空气中的氧隔绝，将火熄灭。用热水灭火时，它遇到火焰能更快地汽化，变成大量的灭火水蒸气，能达到更好的灭火效果。

人触电后会有电流从身体中通过，并传入大地。电流在通过人体时能刺激人的神经系统，人就会有发麻、疼痛的感觉。

好奇指数 ★★★★★

 人触电后为什么感到麻

电路中的电流强度用毫安表示，人体一般能感觉1毫安左右的电流。当人触电时，身体在短时间内能忍受30毫安以下的电流，这时人只有麻刺感，没有生命危险。当通过人体的电流大于30毫安，并持续数秒钟时，人就会有生命危险。

电冰箱、电风扇等家用电器的外壳都有可能带电。如果这些电器的外壳没有接地线，一旦漏电，当人用手触摸电器外壳时，人体立刻成了一个导电体，人便会有生命危险。为了安全使用电器，防止电器外壳带电，应把电器外壳接上地线。

好奇指数 ★★★★★

**废电池放久了
为什么会放出
对人有害的物质呢**

电池是一种将化学能变成电能的装置，在人们的日常生活中得到广泛的应用。电池中的电极、电解质、电解液等，大多采用锌、铅、铁、镍、锰、镉、汞等金属和含有这些成分的化合物。当废电池放久了，里面的金属化合物就会分解、变质，将铅、镉、汞等严重污染环境的物质释放出来。

试验证明，一只小小的碱性纽扣电池，一旦其中的有毒物质渗入到水中，将会污染大约600立方米的水体。这些有毒物质渗入地下，会污染地下水体；与垃圾一起焚烧，会污染大气；如果倒入海里，将危及海洋生物的生命。种类繁多的电池中，危害最大的是镉电池和汞电池。因此，废旧电池不要随便乱丢，要积攒起来进行回收。

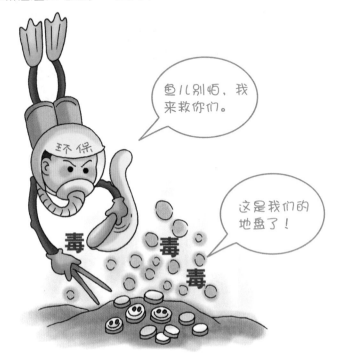

鱼儿别怕，我来救你们。

这是我们的地盘了！

文具如果是不合格的产品，会成为健康的隐形杀手。不合格的铅笔、蜡笔、橡皮等文具会散发刺鼻或芳香的气味，这

好奇指数 ★★★★☆

我天天用文具，能有什么危险啊

些气味含有有毒、有害的化学物质，如甲醛等。如果长期接触它们，它们会对人的神经系统和血液系统造成伤害。圆规、小刀等文具有尖锐的尖或锋利的刃，能伤到手指。即使安全的文具，如果被你用来当成玩具，也会有危险，如掰尺子、甩笔、抛扔作业本等，都有可能伤到人……所以，安全使用文具要注意：一要买正规厂家生产的合格文具，二要正确使用，三要妥善保管，四要用过洗手。

好奇指数  ★ ★ ★ ★ ★

 课间活动也有危险吗？怎么预防呢

课间活动如果不注意安全，确实会有一定的危险性。比如，下课后同学一起往教室外冲时，互不相让，挤在门口，就容易摔伤、踩伤人；在楼道嬉戏打闹，容易摔倒、撞倒人；上下楼梯时东张西望，注意力不集中，容易踩空，摔下楼梯；在操场上人多的地方打球、踢球，容易伤人；爬树、爬墙，在高压线附近玩耍，容易受伤、触电等。

要预防这些危险，课间活动需注意：

顺序出课堂，

楼梯不推搡，

玩耍不出校，

运动要适量。

好奇指数 ★★★★★

 上实验课多有趣呀，
哪有危险呢

实验室里有许多瓶瓶罐罐，里面装着一些有害、有毒的化学试剂，如硫酸、盐酸、硝酸等，它们有的能伤、毁人的眼睛、皮肤，有的混合后，能引起爆炸或火灾等事故。所以，在实验室上课，要听老师的教导，严格按程序做实验，不要随意触摸、品尝、混合或泼洒这些试剂，以免中毒、受伤或伤及他人。一旦试剂溅入眼里，应立即用清水冲洗。如果试剂溅到皮肤上，要先用毛巾擦拭，再用清水冲洗。但如果是强腐蚀性溶剂，应请老师帮助处理，并迅速就医。实验结束后，要及时盖灭酒精灯，关闭电源、水源等，妥善处理残存的实验物品，清理易燃物，洗净双手。

注意，千万不要私自把试剂、试验品等带出实验室，以免发生危险。

擦

玻璃是有点儿危险，但如果采取安全措施，就能减少很多危险。尤其是擦高处的玻璃时，要使用擦玻璃的专用工具。

好奇指数

 擦玻璃时怎样做才安全呢

需要登高时，要选择稳当的椅子，自己蹬在上面站稳后，请同学帮忙扶好。开始擦玻璃前，最好用手抓个牢固的东西，以防摔倒时，身体掉到窗外。如果椅子不够高，千万不要把几个椅子叠加在一起，那样站上去，特别容易摔下来，非常危险。实在够不到的地方，千万不能逞强蛮干。

校园里的"小霸王"常常骂人、打人或威胁人、挑衅人。他们的目的是要别人怕他们，服从他

好奇指数 ★★★★★

遭遇校园暴力时怎么办

们，向他们交"保护费"，谁不听他们的话，他们就会施以更大的暴力。

遇到这种情况，要冷静面对。如果当时你的力量单薄，要尽量避免与"小霸王"们发生正面冲突，要随机应变，想办法脱身。脱身后，再告诉老师和家长，请他们出面教育"小霸王"们。如果你一直忍气吞声，默默忍受，他们会变本加厉地欺负你。

为避免遭遇校园暴力，上学和放学要和同学结伴而行，遇到危险时可以互相帮助。

好奇指数 ★★★★★

运动会上如何避免出状况

运动会上比赛项目多、参加人数多，要避免出状况，观众、运动员都要遵守赛场纪律，服从指挥。

当观众时，要在自己的座位上看比赛，不要在赛场中穿行、玩耍，以免影响比赛或被比赛器械伤到；参赛时，要先做好赛前的准备工作，穿好比赛用的运动服、运动鞋，做好赛前的热身活动，使身体适应比赛。等待比赛时，要注意保暖。临赛前不可吃得过饱或喝水过多。比赛结束后，不要立即停下休息，要做好放松活动，不要马上大量饮水、吃冷饮，也不要立即洗冷水澡。

好奇指数 ★★★★★

踢足球有什么危险？

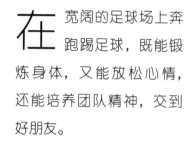

在宽阔的足球场上奔跑踢足球，既能锻炼身体，又能放松心情，还能培养团队精神，交到好朋友。

不过，踢足球确实存在危险。一是场地如果不平坦，有坑洼或沙石，容易崴脚或摔伤，扭伤关节，拉伤跟腱；奔跑、跳起或被人冲撞时，容易摔倒；不慎踩在球上时，容易摔倒……

为保证人身安全，踢球前，要选择正规的足球场或安全开阔的地带，千万不要在马路边踢球，马路边来往的人多、车多，容易伤人、伤己；踢球时，要尽量穿透气性好、吸汗宽松的衣服和合脚的球鞋，不要佩戴有危险的饰物。被冲撞摔倒时，可以做侧滚翻或前后滚翻，切不可用手臂硬撑。

每次踢足球要控制在1小时左右，时间不宜过长，以免过度劳累，伤及身体。夏季踢球要注意补充水分。雨天地滑，尽量不要踢球。

溜冰要选择合格的护具和正规的溜冰场。不要在江河、湖泊、水塘等没有防护措施的地方滑冰。

好奇指数 ★★★★★

溜冰有趣又刺激，可妈妈总说危险，怎么办

溜冰前，最好做一些热身运动，使身体充分活动开。然后，佩戴好护具，如头盔、护膝、护肘和手套等，穿好溜冰鞋，系紧鞋带，并拿掉随身带的尖锐物品。如果你是初次溜冰，要先请教练或会溜冰的人教你基本动作和注意事项，等你掌握了方法后，再进入溜冰场，而且，最好选择靠近场边的位置，以防被别人冲撞后摔倒。开始溜冰时，要用正确的姿势，并尽量保持身体平衡。刚学会时，不要高速滑行，也不要追逐打闹。人多时，要注意避让，不要突然停住或转身。一旦感觉要跌倒时，要尽量使自己身体向前倒，而不是向后倒，以免摔伤后脑。溜完冰，要做好整理运动，身体放松下来后再离开。

玩 轮滑和溜冰有点类似，都应该先穿戴好各种护具，在教练的指导下，学会基本的技能，再开始滑。但两个项目场地相

玩轮滑有安全隐患吗？要注意什么

对要求不高，只要地面平，地方安全，就是在公园里，也可以玩轮滑。但如果在马路上玩，或不注意采取防护措施，就有可能发生危险。

玩轮滑需要勇气和技巧，掌握不好，就有摔倒的可能。所以，要加强身体平衡力、柔韧性、应急反应能力的训练。每次玩轮滑前，都要先检查滑板、轮滑场地是否安全可靠，护具是否已穿戴好。玩轮滑前，要做好热身运动。玩轮滑时，要以正确的姿势，保持身体平衡。初学者要用腰部、膝关节、脚踝支撑身体。

少年儿童的身体发育还未完全，所以，玩轮滑时间不要过长，以免身体局部负担过重，发生劳损，影响骨骼的正常发育。每次玩轮滑的时间最好不要超过1小时。

日常生活中，溺水事故时有发生。不会游泳的同学要当心，会游泳的同学也不要存在侥幸心理，因为溺水的往往是会游泳的人。

好奇指数 ★★★★★

溺水时怎么办

一旦发生溺水事故，不要手脚乱动、拼命挣扎，这样既浪费体力，也更容易下沉。如果周围有人，要调整呼吸，大声呼救；如果周围没人，要实施自救：憋住气，用手捏着鼻子，避免呛水，甩掉鞋子，扔掉口袋里的重物，让身体尽量保持直立的状态踩在水中，头、颈露在水面外，双手做摇橹划水动作，双腿在水中分别蹬踏划圈，以保持浮力。一旦发现有比较坚固的物体，要用力抓住，以防被水流冲走。

跑步时有时会肚子疼，是得了阑尾炎，还是肠胃有毛病了？其实都不是。那为什么会肚子疼呢？

跑步时为什么会肚子疼

原来在跑步时，全身的神经都处在比较兴奋的状态，这样腿部的肌肉能迅速地收缩和舒张，让我们飞快地奔跑。但兴奋的神经却让肠胃蠕动减慢，给内脏供血的小血管收缩，血液供应减少，导致肠胃局部缺血，引起内脏肌肉痉挛，就会肚子疼了。另外，跑步时肠胃来回摆动，刺激了内脏的感觉神经末梢，也引起不舒服的感觉，甚至肚子疼。如果跑步前喝水过多、吃得过饱，就更容易肚子疼了。

肚子疼时，可用手揉压痛处，并做深呼吸，一般很快就能缓解。

不能吃东西！先跟我热热身。

先补点？

牛奶和豆浆都含有对人体健康有益的丰富营养，如牛奶中含有较多的蛋白质，而豆浆中的蛋白质含量比牛奶还高。

好奇指数 ★★★★★

有人说豆浆和牛奶不能一起喝，这是真的吗

但牛奶不宜煮沸喝，因为高温加热，会破坏牛奶中的营养成分。而豆浆中含有一种叫胰蛋白酶抑制物的特殊物质，必须煮透、煮熟，即煮沸后再多煮 3～5 分钟，才能食用。如果煮不透，人喝了就会出现呕吐、腹泻等症状。所以，牛奶和豆浆不宜混在一起加热喝。如果牛奶、豆浆已分别加热好，也可以混合在一起喝。

喝运动饮料真的能增强体力吗

运动饮料可以快速消除运动后的疲劳，补充体力。这是因为运动饮料与一般的汽水、可乐、果汁等所含的物质不同，它根据人体运动的生理特征，配有各种氨基酸、蛋白质、矿物质和糖类等成分。

人体运动时，会消耗大量的糖，导致运动后血糖下降；因为出汗，还引起体内钾、钠等电解质大量丢失。这些都会造成肌肉乏力甚至抽筋，大脑也会因为缺少血糖供应而产生疲劳。运动饮料中的各种成分，能迅速补充体内流失的东西。

需要注意的是，运动饮料不适合在没有运动的情况下饮用；运动时也不能大量地饮用运动饮料。

我又有力气了！

好奇指数 ★★★★★

食物呛入气管时怎么办

如果吃饭的时候，不小心将米粒等食物呛入气管，可迅速闭上嘴巴，用鼻子用力呼气，再依靠其冲力将食物冲出来；也可以低下头用力咳嗽，或让人帮忙拍击背部，让食物随气流排出。如果呛入气管的是瓜子、花生、苹果块等较大异物，可让人从背后抱紧你，一手握成拳头，大拇指伸直，顶住你的上腹部，另一只手掌压在握拳的手上，双臂用力做向上、向内的紧压、紧缩动作，有节奏地一紧一松，提升腹部压强，迫使异物冲出。你也可以自己用椅子背顶住上腹部作冲击。假如这些措施都无效，要立刻去医院接受检查治疗。

其实，最好的办法是预防。平时要养成良好的饮食习惯，不要边吃边说，要细嚼慢咽，更不要在吃东西时打闹。

食物给人提供生存必需的养料，但如果吃了过期、不干净或腐败变质的食物，或者不小心吃了有毒的食物，如长芽的土豆、没炒熟的扁豆或毒蘑菇等，都有可能引发食物中毒。食物中毒后，轻者腹痛、腹泻及呕吐，重者会休克。

好奇指数 ★★★★★

食物中毒
怎么办

发现食物中毒后，首先，要判断食物中毒的时间，并根据中毒时间的长短，采取相应的自救措施：中毒时间在两小时内的，可用筷子、汤匙柄或手指等刺激咽喉催吐，并用200毫升开水冲化20克食盐，等盐水冷却后喝下，冲淡胃内残留的毒素，通过排尿将毒素排出；中毒时间超过两小时的，只要精神状态允许，可服用泻药，通过排便将有毒食物排出体外。其次，要判断导致中毒的食物种类，并根据不同情况采取相应的自救措施：误食变质鱼、虾、蟹等海产品的，可喝用温水调成的鲜生姜汁或绿豆汤解毒；误食变质饮料或防腐剂的，可喝鲜牛奶或其他蛋白质类饮料解毒。

上述急救措施如果无效，必须马上就医。

好奇指数 ★★★★★

西药好还是中药好

中药和西药各有所长。中药是中医所用的传统药物，原料以植物为主，也有动物和矿物，服用后所产生的副作用小。中药以调理人体全身机理为主，就是通过提高肌体免疫力来治疗疾患，是治本的一种疗法，但见效比较慢，疗期较长，适合治疗一些慢性疾病和疑难病症。而西药大多是合成的化学药物，治疗急性病见效快，但副作用较大。因此，现在许多医院的医生，针对一些病症采取中西药结合的治疗方法，让它们相辅相成，发挥各自的优势。

药 <small>能治病救人，</small>

但是，是药三分毒，如果误服或过量服用药物，危害就更大了。

好奇指数 ★★★★★

 吃药不是治病的吗？有什么危险啊

所以，生病时不要自己随便用药，以免掩盖病情、延误诊断或致使病情加剧，而应按医生的要求按时、按量用药。用药前还应仔细阅读用药说明，因为用药说明上会注明该药适用的人群，如果自己的身体、年龄或体征条件不适用此药，要跟医生说明情况，更换适合自己的药物。服药时，要严格按医嘱说明的剂量服用。不能少用、多用或服用过期药，更不要随意混合用药。少用药达不到药效，多用药或服用过期药易引起不良反应，甚至危及生命。几种药同时服用易造成药效相抵或相冲，影响疗效。即便药在有效期内，如果有变色、变质的情况，也不要服用。一旦用药后出现不良反应，要及时采取急救措施，严重的要马上就医。

另外，打开包装没用完的药，要放回原包装内，不要更换包装，以免误服；还要将药存放在阴凉干燥处，以防药物变质。

好奇指数

 鼻子出血
怎么办

鼻子是负责人体嗅觉和呼吸的重要器官。保护鼻子事关生命质量，马虎不得。

鼻子出血时，不要紧张。精神紧张会促使肾上腺素分泌增多，使血压升高，加重出血。鼻子出血时，要全身放松，头部前倾，使已经流出的血液向鼻孔外流，再把鼻子轻轻捏紧，压迫止血。另外，也可以用毛巾包裹冰块，轻轻敷鼻子几分钟，使鼻部血管收缩。几分钟后，流血会暂时止住。这时要及时往鼻孔里塞入纱布、卫生棉球等，并用食指和拇指按压鼻翼上方几分钟，直至彻底止血。

鼻血止住后，千万不要挖鼻孔，否则脆弱的鼻腔血管很容易再次破裂。但如血流不止，自行处理无效，要立刻就医。

生 活中有很多危险的"刺"客。软刺会刺伤我们的皮肤，硬刺会扎进我们的身体。

好奇指数 ★★★★★

异物扎进身体时可疼了，该怎么办

当软刺扎入皮肤时，如果是肉眼看得见的小刺，可请人协助用消过毒的镊子或针取出；如果刺扎得很深，拔刺前，可在受伤的皮肤四周涂一层万花油、风油精或植物油，让油渗入皮肤，令刺软化，再用消过毒的镊子或针取出；如果扎的是铁刺，可用消过毒的针挑开被刺部位的皮肤，再用磁铁将铁刺吸出；如果是仙人掌或玫瑰等植物的刺，可在创口处贴块橡皮膏，再用力揭掉橡皮膏，将刺带出。

当硬刺扎入身体时，要让异物保持在原位不动。必要时，可在伤口两侧垫上干净的纱布或布垫等，并用绷带包扎固定。这些方法如果都不奏效，就要去医院诊治。

被烫是件烦心事。程度轻的，能治愈，但可能会留下疤痕；程度重的，不好治愈，可能会落下残疾，生活无法自理。所以，日常生活中要学会预防和处治烫伤的方法。比如，给暖瓶灌水时，要对准暖瓶口，慢慢往里灌；从锅里盛热汤时，不要盛太满，以免端碗走时洒出来；洗澡时，先把淋浴器的水温调合适，再沐浴；用暖水袋时，水温不要太热，盖子要拧紧；妈妈熨衣服、做饭时，要远离电熨斗、炒锅等热的金属器具，更不要用手去抓拿……

一旦被烫伤，可立即用冷水冲洗或冷敷，待冷却后，小心脱去衣服，把创面擦干，涂上专用的烫伤膏，再用纱布包好。伤好前不要碰水，以防感染。如果烫伤严重，必须立即去医院检查治疗。

好奇指数 ★★★★★

怎样才能不被烫伤呢？烫伤后怎么办

刷 牙用的牙膏，一般是用甘油、牙粉、白胶粉、水、糖精、淀粉等配制而成的，有的还加入一些杀菌、消炎的药物成分。牙膏的主要作用是清洁牙齿，它里面的牙粉中含有碳酸钙、肥皂粉等粉状细颗粒，可对牙齿表面的牙垢起到摩擦和清除作用，使牙齿洁白。牙膏虽具有一定的杀菌和消炎作用，但它毕竟不是外用药物，而且消毒不一定干净。因此，若出现外伤时，最好不要用牙膏涂在伤口上，应及时到医院治疗。

好奇指数 ★★★★★

在伤口上涂牙膏有用吗

好奇指数 ★★★★★

为什么说
"早吃姜，胜参汤，
晚吃姜，赛砒霜"

这 句话的意思是早上吃姜有益，晚上吃姜有害，这是为什么呢？

原来，姜是温性的食物，早上起来吃姜，可以温暖脾胃；姜中的姜辣素能刺激胃液分泌，促进饮食的消化吸收；姜中的挥发油可加快血液循环、兴奋神经，使全身变得温暖。在冬天的早上吃姜，更有驱寒和预防感冒的作用。到了晚上，经过一天的工作，人体需要休息，吃清热、消食的食物比较适宜。这时如果吃姜，很容易产生内热，时间长了还会出现"上火"的症状。所以这句民间俗语还是很有道理的。

舒服。

好热！

人 的病会不会传染，主要要看这个病是由什么引起的。

人患的病可分为传染性疾病和非传染性疾病。脑血管病、冠心病、糖尿病等，是由于人的肌体衰老和器官受损等造成的，这些病不会在人体之间相互传染，是非传染性疾病。

传染性疾病是由人眼看不见的细菌和病毒引起的，它通过人体排泄物、体液、血液和用具以及环境等进行传染，危害很大。由细（病）菌引起的传染病有伤寒（病菌为杆菌）、霍乱（病菌为弧菌）、脑膜炎（病菌为球菌）等；由病毒引起的传染病有非典型性肺炎（SARS）、乙型肝炎、禽流感、艾滋病、埃博拉（EBHF）等。

好奇指数 ★ ★ ★ ★ ★

为什么有的病传染，有的病不传染

好奇指数 ★ ★ ★ ★ ★

 蚊子叮咬会传播艾滋病吗

我们知道，蚊子咬人会传播一些可怕的疾病，比如疟疾。那么如果蚊子咬了艾滋病人，会不会把致命的艾滋病毒传给下一个人呢？

其实，蚊子叮咬不会传播艾滋病，因为蚊子的消化系统能破坏艾滋病病毒。而且蚊子咬人时，只把唾液注入人体，它从人身上吸取的血液，和它自身的唾液是不会混合在一起的。即使蚊子叮咬了艾滋病人，像针一样的口器上沾了少量的血，病毒的数量也是很少的，不足以令下一个被叮的人受到感染。

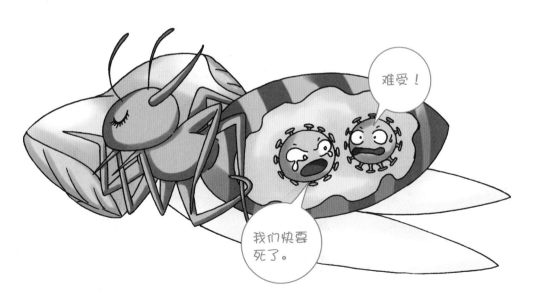

好奇指数 ★★★★★

铅笔不是铅做的，为什么咬笔头会中毒

铅笔虽然不是铅做的，但铅笔外表面通常涂有一层彩色油漆，而这种油漆中含铅量很高。铅是有毒物质，当用嘴咬铅笔头时，铅就会通过口腔进入人体。铅被人体吸收后，90%沉积在骨骼中。当人体抵抗疾病的能力降低时，铅就从骨骼中释放出来，引起明显的中毒症状。铅中毒时，对神经系统、造血器官、肾脏等都会有明显的损害，对儿童危害更大。另外，铅笔芯也不全是用碳做成的，它里面还掺了不少的黏土，黏土里也有对儿童身体有害的物质。再有，铅笔本身非常不干净，带有不少细菌，咬铅笔容易使人生病，同时还会使牙齿歪斜。所以，平时不要咬铅笔。

公告

我们的外衣和内脏都有毒，请小朋友们不要随便咬我们。

毒 品是指鸦片、海洛因、冰毒、吗啡、大麻、可卡因，以及其他让人上瘾的麻醉药品和精神药品。吸毒一旦上瘾，就很难戒掉，吸毒者不惜

好奇指数 ★★★★★

吸毒为什么会上瘾

倾尽家产去买毒品，甚至去偷、去抢，想尽办法弄钱买毒品，非常可怕。

科学家研究毒品和吸毒者之后发现，在吸毒时，吸毒者的大脑中有一种叫多巴胺的物质迅速增多。这种物质使人产生极度兴奋的感觉，并想不断地尝试和体验。如果吸毒的时间过长、剂量过大，吸毒者的身体和心理都会对毒品形成依赖性，最终导致上瘾。

吸毒上瘾后，断了毒品，身体会很不舒服。长时间吸毒会对人体的各项功能造成伤害，严重的将导致人死亡。所以，世界各国都严厉打击贩毒者，制止吸毒的行为。

好奇指数 ★★★★★

 划船或乘船时要注意什么

划船、乘船时要注意安全，掉进水里可不是闹着玩的！

首先要有大人陪伴，不要独自一人或和小伙伴们去划船、乘船；划船或乘船时要穿好救生衣，以防掉到水里被淹，发生危险。

没有配备救生衣的游船不要坐；超载、超重时不要坐。划船、乘船时应尽量坐在船的中心部位，不要俯下身用手撩水嬉戏或洗手、洗脚，也不要在船上仰卧、打闹、来回走动、跑动，做各种危险动作。划船时，不要太靠近其他船只，以免两船相撞，发生意外。

好奇指数 ★ ★ ★ ★ ★

郑游、野营活动时
要注意什么？
发生危险怎么办

郊游、野营时，要在老师或家长的组织、带领下进行，千万不能自己行动。活动时，要穿运动鞋或旅游鞋，不要穿皮鞋，穿皮鞋长途行走，脚容易起泡；要听老师或家长的话，听从安排和指挥。跟学校集体郊游或野营时，不要东张西望，防止掉队；自由活动时，不要单独行动，应结伴而行；不要随便采摘和食用蘑菇、野菜、野果，以免发生食物中毒。要准备充足的食物和饮用水，并准备好手电筒和足够的电池，以备夜间照明使用，还要准备一些常用药和治外伤的药，以备生病、受伤时取用。

不要去危险的地方，不要招惹小动物，尤其不要招惹危险的动物。一旦遇上危险，要冷静处理。特别危险的事，最好请老师或家长协助解决。

乘 飞机其实比乘汽车还安全，但要注意以下几点：

乘坐飞机前，不要吃得过饱或过于油腻，以免腹胀、腹泻或晕机；也不要饿着肚子上飞机，因为飞行时，高空气温及气压的变化使人体需要消耗较多的热量，胃里没食，容易恶心。

飞机起飞前，要关闭手机。飞机起飞、下降、着陆，以及空中穿越云层或遇强大气流时，会出现颠簸、抖动、侧斜等情况。这时，要系好安全带，防止被撞伤或发生其他意外事故。

飞机飞行过程中，不要随意在机舱内走动，不要随意玩弄机舱内的安全救护设施。

飞机起飞或降落时，如耳朵感觉不适，可张开嘴轻叩牙齿或嚼口香糖，保持口腔活动，以减轻不适的感觉。

飞机出现故障时，要穿戴好防护用具，在机务人员的指挥、指导下，跳出机舱逃生。

好奇指数 ★★★★★

飞机上和加油站里为什么不许打手机

因为手机是一种无线电通信工具，使用时会发射无线电波。这种电波能干扰飞机的导航和控制装置。如果飞机的系统电缆距离乘客的座位很近，危险就更大了。在加油站，空气里的油气密度很大，而手机在按下电话开关时会产生微量火花，如果手机线路短路或老化，也有可能产生火花。这些火花接触到空气中高浓度的油气，很容易发生爆炸。手机信号还会影响加油站电脑设备的正常工作，导致计量不准。所以，在飞机上和加油站都不允许打手机。

另外，在医院也不许打手机，因为手机的无线电波会影响到心脏起搏器、助听器等一类精密的仪器，有可能导致医生诊治失误。

迷 路时，先不要惊慌，要努力回忆刚走过的路，凭记忆返回原路。如果不记得走过的路，可以向警察或路人询问。在野外迷路

好奇指数 ★★★★★

迷路时怎么办

时，可依靠天然的"指南针"来辨别方向。方法是：一看树影，在北半球，中午树影所指的方向就是北方；二看树叶，树叶稠密的一面是南，稀疏的一面是北；三看北极星，北极星所在的位置就是北方；四看积雪，积雪融化快的地方是南，反之是北。在山林里走不出来时，要先找好安全的栖身地点，再想办法发求救信号。白天，可在安全地带点燃树叶，以产生的烟雾求救；夜晚，可用手电向天空反复照射，吸引人注意，然后耐心等待救援。

被人跟踪时，不要惊慌，要尽可能往人多的街道、商场等地方走；看见人要大声呼

好奇指数 ★★★★★

 被人跟踪或抢劫时怎么办

救，以吓退跟踪者；如果附近有警察或行人，可立刻向他们求救。如果有手机，马上打110报警电话求救。万一不幸跑进死胡同里，被坏人堵住，要大声呼救。如果坏人索要财物，可以将钱包或物品扔远些，趁坏人去捡时逃跑。

最好的办法是平时随身携带报警器、口哨等防身用品，万一碰到坏人时立刻报警或自卫，以吓退坏人。上学和放学时，尽量与同学结伴而行，不走偏僻的路。天黑尽量不要外出。

遭 遇绑架的事情不常有，但一旦遇上，真要考验你的胆量和智慧了。

好奇指数 ★★★★★

遭遇绑架时怎么办

遭到歹徒绑架时，要用力挣扎，大喊大叫，以引起周围人的警觉；无法挣脱时要镇静下来，与绑架者斗智，并记住绑架者的面貌特征、性别、年龄、口音，以及路过或停留的地方。如果可能，在这些地方悄悄留下记号或扔下你随身携带的物品，以便亲人查找你的行踪，协助警察破案。

如果房子里有电话，要趁坏人不备时，给110或家里打电话，用简短的话告知你的处境和所在地点。要尽量吃好、喝好、睡好，养足精神，保持最佳的身体状态，为找机会逃离虎口做好充分准备。

有的同学很喜欢在网上聊天，与人交朋友。但在网上交的朋友往往都是你不了解的陌生人，也许你对这种交友方式感觉很新鲜、很有趣，但在网上交友可有一定的风险哟！

好奇指数 ★★★★★

我可以和陌生的网友见面吗

　　陌生的网友有的人很好，有的人可能不好。他们有的可能是骗子或不法分子。一旦你和他们见面，他们可能就有机会骗你的钱财、伤害你的身体，甚至危及你的生命。所以，如果陌生网友约你见面，最好不要轻易答应，也不要单独和陌生网友见面。如果有非见面不可的理由，要先跟父母讲清楚，再在他们的陪同下与陌生网友见面，且一定要选择人多安全的公共场所，以便发生危险时，可以及时逃脱或向人求助。

发生地震时，要根据情况冷静判断，抓住时机，正确避震。在不同情况下，要采用不同的自救方式。

好奇指数 ★★★★★

发生地震时怎么自救

在高楼里时，千万不要往阳台、楼道、电梯里跑，也不要盲目跳楼逃生，要迅速躲进管道多和支撑性好的厨房、卫生间、储存室等面积较小的空间内，这些地方不易塌落；也可以躲避到结实的桌子、床等家具旁或墙根、墙角处，蹲下抱头。在学校时，要在老师的指挥下，迅速撤离教室。如果来不及离开，要就近躲在课桌旁蹲下，护头、闭眼；如果在操场上，要原地不动，蹲下，抱头，等待安全时再撤离。在郊外，要尽量找空旷的地带躲避，远离山脚、陡崖等危险地带。万一身体被埋，要尽量保持体力，并想办法求救，等待救援人员到来。

好奇指数 ★★★★★

**遭遇雷电时
怎么办**

 因为雷电而失去生命的人有很多。所以,有雷电时,要采取防护措施。

在室内时,要关好门窗,关闭电视、电脑、空调等各种家用电器,切断电源,以防雷电沿着电源线入侵,危及人身财产安全。在室外时,不要在电线杆、旗杆、铁塔、烟囱、大树下躲雨,也不要打金属柄雨伞,不要把羽毛球拍等带有金属的物品扛在肩上,随身携带的钥匙、手表、金属边框的眼镜等金属物品要暂时抛到远处。乘车时,不要将头、手伸出窗外。骑自行车时,要马上下车或尽快离开,以免产生导电而被雷击。在野外无处躲避时,要双脚并拢,双手抱膝,就地蹲下,头低下,并尽量降低身体的高度,减少人体与地面的接触面积。

好奇指数 ★★★★★

为什么有人喜欢咬指甲

人在一定的情况下会感到紧张，比如到陌生的地方，或者接触陌生人。这时可能会不由自主地做些小动作，咬指甲就是其中之一。这是一种无意识的行为，可能连自己都不知道，但时间长了就会慢慢形成习惯。一旦成为习惯，在很多场合就会不由自主地咬指甲。

应该意识到，咬指甲不是一种好习惯。不过，这种不良习惯可以通过自己的努力而改掉。每当感到比较紧张或无聊的时候，就要有意识地关注自己在干什么。如果发现自己在咬指甲，应立即停止。有时因为紧张，自己发现不了，就要请亲人或好朋友帮忙，提醒自己注意。这样，经过一段时间就可以完全改掉这个不良习惯了。

走错路了……

好奇指数 ★★★★★

为什么有时候不知不觉就会去拿别人的东西

有些孩子从小被宠着，要什么都可以轻易得到。于是，就慢慢养成了一种习惯，认为什么东西都是自己的，就会毫无顾忌地去拿别人的东西。这种情况在心理学上叫自我意识差，也就是说，这种孩子不能正确地认识自我，以及自我与他人的区别。他们需要加强自我意识，建立起"自己"和"他人"的概念。

还有些孩子，对喜欢的东西有一种占有欲，他们会为自己成功占有了别人的东西却没被人发现而得意，其实他们未必需要这些东西。这种孩子往往存在心理创伤，无法自愈，对同伴或家庭有很强的报复心理。他们需要家庭和专业咨询师的帮助。

其实有时候，有些孩子拿别人东西是完全无意识的，如随手借用同桌的橡皮，用完之后忘记还了。如果你也有这种情况，就要提醒自己，不能随便拿别人的东西，借东西一定要想着归还。

好奇指数 ★★★★★

有的人特别坚强，有的人为什么遇到挫折就受不了了

人和人是有差异的，不同的人对外界刺激的反应是不同的，具体表现是有人坚强，有人脆弱。坚强还是脆弱，与一个人的意志力和忍耐力有关，也与人的态度和信心有关。意志力强的人，生活态度乐观的人，对未来、对自己充满信心的人，就表现得特别坚强，相反则比较脆弱，经受不起挫折。

另外，耐挫折的能力也与人的经历有关。如果一个人在成长的过程中受到过多的保护，从来不知道付出才会有收获，从来是一有不如意就有人帮忙，那么这个人的耐挫折能力一定不会很强。相反，有的人从小比较自主，积极探索，善于从失败中学习，能够在挫折的台阶上继续向上，他的意志往往比较坚强。

生气是一种强烈的情绪反应，控制这种反应需要理智，或者说理性认知。控制情绪和理性认知的，是大脑里两个不同的神经中枢，但它们之间又有联系。积极的情绪可以使认知更活跃，而消极的情绪会阻碍认知功能的正常发挥。有的人理性认知较弱，生气时，控制情绪的神经中枢过于兴奋，抑制了控制认知的中枢，就容易失去理智，控制不住自己。过后，等情绪平静了常常会后悔。

要改变这种状况，很好地调节情绪，应在生活中不断加强自己的理性认知，如当你觉得某件事可能会使你生气，就不要去想这件事，或停止你在做的事情，使自己冷静下来。如果你碰到了不愉快的事情，一定要在当时化解掉，不要让坏心情影响自己，更不要把坏心情"传染"给别人。

好奇指数 ★★★★★

有人生气时为什么控制不住自己

如果你老是烦，干什么都打不起精神，不想上学，不想玩，也不想和别人说话，饭懒得吃，觉睡不好，还一会儿这儿疼那儿不舒服的，那你可能是得了轻微的忧郁症。不要紧，赶快把情况告诉父母，让他们和你一起想办法解决。

不过，心烦主要还是没事干造成的。所以，最好的办法就是让自己忙碌起来。如果每天把要做的事排得满满的，就没空去烦。建议你把自己的时间安排一下，再找些喜欢的事情做，比如唱歌、跳舞、画画、做航模等，一旦对某件事有了兴趣，你就不会烦了。

好奇指数 ★★★★★

 最近比较烦，对什么事情都没兴趣，怎么办

好奇指数

 为什么有的人合群，有的人只愿意一个人玩

人 的性格特征是不一样的，有的人喜欢与别人交往，有的人比较喜欢独处。在心理学上，这两种类型的人分别被称为外向型和内向型人格的人。内向型和外向型实际上代表了人与外界交流的两种不同方式。

外向型的人重视外在世界，活跃、自信、勇于进取，容易敞开自己的心扉，善于表达自己，容易交各种各样的朋友，容易适应环境的变化，所以表现得比较合群。

内向型的人重视主观世界，经常内省，沉默寡言，关心自己的内心感受，喜欢安静，所以常常表现为喜欢一个人玩。其实，内向型的人也需要朋友，也需要与人交往，只是不太容易罢了。但是，内向型的人很重感情，虽然朋友的数量不多，但如果交了朋友，对朋友会很真诚，朋友关系会很亲密。

有的人在高处时会有一种恐惧感，不敢走近楼上的窗户和阳台，严重的甚至一站在高处就有跳下去的冲动，这就是恐高症。恐高症比一般的站在高处头晕要严重得多，甚至在明显没有危险时都会很害怕。

人为什么会得这种怪病，目前有好几种说法。有的说这是遗传病，如果上一代有人得病，下一代也很有可能得。有的说这和人的性格有关，特别胆小的人容易得这种病。还有的说这是因为小时候从高处摔下去过，那种害怕的感觉留在了记忆深处，所以一站在高处就会特别害怕。究竟是什么原因引起了恐高症，现在还没有统一的看法。但这种症状通过治疗是可以缓解的。

怕怕！

好奇指数 ★★★★★

有的人为什么会有恐高症

人的长相是天生的，一生都不会有太大改变。有的人通过整容使自己有了帅哥、美女的模样，得到了别人的夸奖。那又怎么样呢？别人夸你长得漂亮，你就很满足吗？能证明你什么都行吗？

因为长得不好看很自卑，怎么办

许多演员、笑星都不漂亮，有的甚至很丑，但他们的演技很精湛，照样受欢迎。他们没有因为自己的相貌苦恼和自卑，而是充分地展示自己的能力和才华，取得了某一方面的成功。还有的人外貌长得丑，但心地善良，乐于助人，理所当然地受到大家的赞扬和钦佩。所以，人的美不只在于外貌和服饰，更在于他的内心和行为。

希望你坚强和自信起来，用知识充实自己，不要整天想着自己的外貌。发挥自己的长处，做一个有知识、有道德、乐观向上的人。这样，你就会有许多好朋友，会得到大家的尊重和喜爱啦！

东子，我们要和你一组！

好羡慕哦！

学会抽烟了，怎么才能戒掉

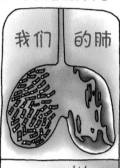

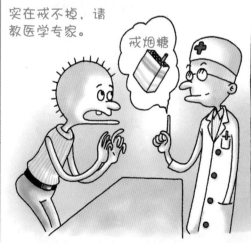

人生气的时候为什么就不想吃饭

走迷宫好处多

泥石流

地震

走迷宫要学会观察、比较，更要运用一定的方法和技巧。通过走迷宫，能提高观察能力、比较能力、记忆能力和分析能力，有效解决各种问题。你来试试吧！

雪灾

冰雹

起点

中国儿童好问题百科全书
CHINESE CHILDREN'S ENCYCLOPEDIA OF GOOD QUESTIONS
安全自救

总 策 划　　徐惟诚

编辑委员会

主　编　　鞠　萍

编　委　　于玉珍　马光复　马博华　刘金双　许秀华

（以姓氏笔画为序）　许延风　李　元　庞　云　施建农　徐　凡

黄　颖　崔金泰　程力华　熊若愚　薄　芯

主要编辑出版人员

社　　长　　刘国辉

主任编辑　　刘金双

全书责任编辑　　刘金双

美术编辑　　张倩倩　张紫微

绘　图　　饭团工作室　蒋和平　钱　鑫

装帧设计　　参天树 TOPTREE　北京升创文化传播有限公司

最美发问童声　　周欣然　孙甜甜　蔡尘言　沈漪煊　余周逸　林佳凝　赵甜湉

徐斯扬　潘雨卉　周和静　周子越　董梓溪　方宇彤　龙奕彤

马景歆　沈卓彤　翁同辉　夏子鸣　严潇宇　张申壹　赵玉轩

黄睿卿　孙崎峻　蔺铂雅　李欣霖　郭　垚　侯皓悦　范可盈

宋欣冉　马丗杰　张译尹　卜　茵　于博洋

音频技术支持　　北京扫扫看科技有限公司

责任印制　　李宝丰